Q PASS

한식 조리기능사

합격특강

실기

다락원

머리말

　　요리하기 위해 들어간 부엌에서 하얀 접시를 발견합니다. 냉장고에서 재료를 꺼내 그 접시 위에 놓습니다. 재료만 봐서는 어떤 요리가 될지 상상할 수 없지만 요리하는 사람의 숙련도와 좋은 재료에 따라 완성도와 맛이 달라질 것입니다. 조리기술도 마찬가지입니다. 조리기능사를 준비하는 수험생들이 아직 채워지지 않은 접시를 어떻게 채울지는 어떻게 공부하느냐에 달려있습니다.

　　조리기능사는 요리에 있어서 기본적인 과정이지만 처음 요리를 시작하면 재료 손질법부터 양념, 썰기 등 배워야 할 것도 많고 어렵습니다. 뭐든지 그냥 얻어지는 것은 없지만 노력은 배신하지 않습니다. 조금이라도 도움이 되고자 저의 노하우를 토대로, 처음 응시하는 이들에게 실기시험의 길잡이가 될 수 있도록 수험자가 꼭 알아야 할 사항들로만 구성하여 실기교재를 집필하였습니다.

　　이 교재는 학원이나 전문학교에서 수업교재로 사용할 수 있도록 기본적인 공정과 제조 시 중요한 합격 포인트를 작성해 두었습니다. 전체적인 흐름을 이해하고 합격 포인트를 암기하는 방식으로 공부한다면 한식조리기능사 자격증 취득에 좋은 결과가 있을 것입니다.

　　자세한 설명과 채점기준을 완벽하게 반영하였습니다. 계속적으로 시험기준을 꼼꼼하게 분석하고 앞서 연구하고 노력할 것입니다. 모든 예비 조리기능사들을 응원합니다.

시험안내

 지참준비물 CHECK LIST

한식	가위, 강판, 계량스푼, 계량컵, 국대접, 국자, 냄비, 도마, 뒤집개, 랩, 마스크, 면포/행주, 밀대, 밥공기, 볼 (bowl), 비닐백, 상비의약품, 석쇠, 쇠조리(혹은 체), 숟가락, 앞치마, 위생모, 위생복, 위생타올, 이쑤시개, 접시, 젓가락, 종이컵, 종지, 주걱, 집게, 칼, 호일, 후라이팬

※ 지참준비물의 수량은 최소 필요수량이므로 수험자가 필요시 추가 지참 가능합니다.
※ 지참준비물은 일반적인 조리용을 의미하며, 기관명, 이름 등 표시가 없는 것이어야 합니다.
※ 지참준비물 중 수험자 개인에 따라 과제를 조리하는데 불필요하다고 판단되는 조리기구는 지참하지 않아도 됩니다.
※ 지참준비물 목록에는 없으나 조리에 직접 사용되지 않는 조리 주방용품(예, 수저통 등)은 지참 가능합니다.
※ 수험자지참준비물 이외의 조리기구를 사용한 경우 채점대상에서 제외(실격)됩니다.

 수험자 유의사항

1. 만드는 순서에 유의하며, 위생과 숙련된 기능평가를 위하여 조리작업 시 맛을 보지 않습니다.

2. 지정된 수험자지참준비물 이외의 조리기구나 재료를 시험장 내에 지참할 수 없습니다.

3. 지급재료는 시험 전 확인하여 이상이 있을 경우 시험위원으로부터 조치를 받고 시험 중에는 재료의 교환 및 추가지급은 하지 않습니다.

4. 요구사항 및 지급재료의 규격은 "정도"의 의미를 포함하며, 재료의 크기에 따라 가감하여 채점됩니다.

5. 위생복, 위생모, 앞치마, 마스크를 착용하여야 하며, 시험장비·조리기구 취급 등 안전에 유의합니다.

6. 다음 사항은 실격에 해당하여 채점 대상에서 제외됩니다.

> ① 수험자 본인이 시험 도중 시험에 대한 포기 의사를 표현하는 경우
> ② 위생복, 위생모, 앞치마, 마스크를 착용하지 않은 경우
> ③ 시험시간 내에 과제 두 가지를 제출하지 못한 경우
> ④ 문제의 요구사항대로 과제의 수량이 만들어지지 않은 경우
> ⑤ 완성품을 요구사항의 과제(요리)가 아닌 다른 요리(예 달걀말이→달걀찜)로 만든 경우
> ⑥ 불을 사용하여 만든 조리작품이 작품특성에서 벗어나는 정도로 타거나 익지 않은 경우
> ⑦ 해당과제의 지급재료 이외 재료를 사용하거나 요구사항의 조리기구(석쇠 등)로 완성품을 조리하지 않은 경우
> ⑧ 지정된 수험자지참준비물 이외의 조리기술에 영향을 줄 수 있는 기구를 사용한 경우
> ⑨ 가스레인지 화구 2개 이상(2개 포함) 사용한 경우
> ⑩ 시험 중 시설·장비(칼, 가스레인지 등) 사용 시 시험위원 및 타수험자의 시험 진행에 위해를 일으킬 것으로 시험위원 전원이 합의하여 판단한 경우
> ⑪ 요구사항에 표시된 실격 및 부정행위에 해당하는 경우

7. 항목별 배점은 위생상태 및 안전관리 5점, 조리기술 30점, 작품의 평가 15점입니다.

8. 시험시작 전 가벼운 몸 풀기(스트레칭) 동작으로 긴장을 풀고 시험을 시작합니다.

🍳 위생상태 및 안전관리 세부기준 안내

순번	구분	세부기준
1	위생복 상의	• 전체 흰색, 손목까지 오는 긴소매 　– 조리과정에서 발생 가능한 안전사고(화상 등) 예방 및 식품위생(체모 유입방지, 오염도 확인 등) 관리를 위한 기준 적용 　– 조리과정에서 편의를 위해 소매를 접어 작업하는 것은 허용 　– 부직포, 비닐 등 화재에 취약한 재질이 아닐 것, 팔토시는 긴팔로 불인정 • 상의 여밈은 위생복에 부착된 것이어야 하며 벨크로(일명 찍찍이), 단추 등의 크기, 색상, 모양, 재질은 제한하지 않음(단, 핀 등 별도 부착한 금속성은 제외)
2	위생복 하의	• 색상·재질무관, 안전과 작업에 방해가 되지 않는 발목까지 오는 긴바지 　– 조리기구 낙하, 화상 등 안전사고 예방을 위한 기준 적용
3	위생모	• 전체 흰색, 빈틈이 없고 바느질 마감처리가 되어 있는 일반 조리장에서 통용되는 위생모(모자의 크기, 길이, 모양, 재질(면·부직포 등)은 무관)
4	앞치마	• 전체 흰색, 무릎 아래까지 덮이는 길이 　– 상하일체형(목끈형) 가능, 부직포·비닐 등 화재에 취약한 재질이 아닐 것
5	마스크	• 침액을 통한 위생상의 위해 방지용으로 종류는 제한하지 않음 (단, 감염병 예방법에 따라 마스크 착용 의무화 기간에는 '투명 위생 플라스틱 입가리개'는 마스크 착용으로 인정하지 않음)
6	위생화 (작업화)	• 색상 무관, 굽이 높지 않고 발가락·발등·발뒤꿈치가 덮여 안전사고를 예방할 수 있는 깨끗한 운동화 형태
7	장신구	• 일체의 개인용 장신구 착용 금지(단, 위생모 고정을 위한 머리핀 허용)
8	두발	• 단정하고 청결할 것, 머리카락이 길 경우 흘러내리지 않도록 머리망을 착용하거나 묶을 것
9	손/손톱	• 손에 상처가 없어야 하나, 상처가 있을 경우 보이지 않도록 할 것(시험위원 확인 하에 추가 조치 가능) • 손톱은 길지 않고 청결하며 매니큐어, 인조손톱 등을 부착하지 않을 것
10	폐식용유 처리	• 사용한 폐식용유는 시험위원이 지시하는 적재장소에 처리할 것
11	교차오염	• 교차오염 방지를 위한 칼, 도마 등 조리기구 구분 사용은 세척으로 대신하여 예방할 것 • 조리기구에 이물질(테이프 등)을 부착하지 않을 것
12	위생관리	• 재료, 조리기구 등 조리에 사용되는 모든 것은 위생적으로 처리하여야 하며, 조리용으로 적합한 것일 것
13	안전사고 발생 처리	• 칼 사용(손 빔) 등으로 안전사고 발생 시 응급조치를 하여야 하며, 응급조치에도 지혈이 되지 않을 경우 시험진행 불가
14	눈금표시 조리도구	• 눈금표시된 조리기구 사용 허용(실격 처리되지 않음, 2022년부터 적용) (단, 눈금표시에 재어가며 재료를 써는 조리작업은 조리기술 및 숙련도 평가에 반영)
15	부정 방지	• 위생복, 조리기구 등 시험장 내 모든 개인물품에는 수험자의 소속 및 성명 등의 표식이 없을 것(위생복의 개인 표식 제거는 테이프로 부착 가능)
16	테이프 사용	• 위생복 상의, 앞치마, 위생모의 소속 및 성명을 가리는 용도로만 허용

※ 위 내용은 안전관리인증기준(HACCP) 평가(심사) 매뉴얼, 위생등급 가이드라인 평가 기준 및 시행상의 운영사항을 참고하여 작성된 기준입니다.

차례

한식조리기능사

15분

01 무생채   8
02 도라지생채   11

20분

03 더덕생채   14
04 북어구이   17
05 육회   20
06 홍합초   23
07 두부젓국찌개   26
08 표고전   29
09 육원전   32
10 오이소박이   35

25분

11 재료썰기   38
12 풋고추전   41
13 생선전   44
14 두부조림   47
15 너비아니구이   50

30분

16 제육구이   53
17 더덕구이   56
18 생선양념구이   59

19 장국죽   62
20 콩나물밥   65
21 섭산적   68
22 오징어볶음   71
23 생선찌개   74
24 완자탕   77

35분

25 겨자채   80
26 미나리강회   83
27 탕평채   86
28 화양적   89
29 지짐누름적   92
30 잡채   95
31 배추김치   98

40분

32 칠절판   101

50분

33 비빔밥   104

한식
조리기능사

한식 위생관리

한식 안전관리

한식 기초조리실무

한식 밥조리

한식 죽조리

한식 국·탕조리

한식 찌개조리

한식 전·적조리

한식 생채·회조리

한식 조림·초조리

한식 구이조리

한식 숙채조리

한식 볶음조리

01 무생채

NCS 한식
생채·회조리

15

시험시간 : 15분

🍳 요구사항

1 무는 0.2cm × 0.2cm × 6cm로 썰어 사용하시오.

2 생채는 고춧가루를 사용하시오.

3 무생채는 70g 이상 제출하시오.

 ## 재료

- [ ] 무(길이 7cm) 120g
- [ ] 소금(정제염) 5g
- [ ] 고춧가루 10g
- [ ] 흰설탕 10g
- [ ] 식초 5mL
- [ ] 대파(흰부분, 4cm) 1토막
- [ ] 마늘(중, 깐 것) 1쪽
- [ ] 깨소금 5g
- [ ] 생강 5g

합격 포인트

1 무채는 길이와 굵기를 일정하게 썰고 무채의 색에 유의한다.

2 생채는 제출 직전 무쳐 싱싱하고 깨끗하게 한다.

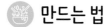 **만드는 법**

1 무는 0.2×0.2×6cm로 일정하게 채 썰어 고 춧기루로 물을 들인다.

2 파, 마늘, 생강은 곱게 다진다.

3 생채 양념(식초, 설탕, 소금, 다진 파, 다진 마늘, 다진 생강, 깨소금)을 만들어 물들인 무에 버무린다.

4 완성접시에 보기 좋게 담아낸다.

02 도라지생채

 요구사항

1 도라지는 0.3cm × 0.3cm × 6cm로 써시오.
2 생채는 고추장과 고춧가루 양념으로 무쳐 제출하시오.

 ## 재료

- ☐ 통도라지(껍질 있는 것) 3개
- ☐ 소금(정제염) 5g
- ☐ 고추장 20g
- ☐ 흰설탕 10g
- ☐ 식초 15mL
- ☐ 대파(흰부분, 4cm) 1토막
- ☐ 마늘(중, 깐 것) 1쪽
- ☐ 깨소금 5g
- ☐ 고춧가루 10g

합격 포인트

1 도라지의 굵기와 길이가 일정하도록 한다.
2 양념이 거칠지 않고 색이 고와야 한다.

만드는 법

1 도라지는 껍질을 벗겨 0.3×0.3×6cm로 채 썰고 소금에 주물러 쓴맛을 제거한다.

2 파, 마늘은 곱게 다진다.

3 생채 양념(고추장, 고춧가루, 설탕, 식초, 다진 파, 다진 마늘, 깨소금)을 만들고 채 썬 도라지에 고루 무친다.

4 완성접시에 보기 좋게 담아낸다.

NCS 한식
생채·회조리

20

시험시간 : 20분

 요구사항

1 더덕은 5cm로 썰어 두들겨 편 후 찢어서 쓴맛을 제거하여 사용하시오.

2 고춧가루로 양념하고, 전량 제출하시오.

 재료

☐ 통더덕(껍질있는 것, 길이 10~15cm) 2개
☐ 마늘(중, 깐 것) 1쪽
☐ 흰설탕 5g
☐ 식초 5mL
☐ 대파(흰부분, 4cm) 1토막
☐ 소금(정제염) 5g
☐ 깨소금 5g
☐ 고춧가루 20g

합격 포인트

1 더덕은 이쑤시개나 산적꼬지를 사용하여 가늘고 일정하게 찢는다.

2 더덕을 두드릴 때 부스러지지 않도록 한다.

3 무쳐진 상태가 깨끗하고 빛이 고와야 한다.

만드는 법

1 더덕은 껍질을 벗겨 5cm 길이로 자른 후 반으로 저며 소금물에 담가 쓴맛을 제거한다.

2 파, 마늘은 곱게 다진다.

3 더덕을 밀대로 밀어 펴고 가늘게 손으로 찢는다.

4 찢은 더덕은 고운 고춧가루로 물을 들인다.

5 생채 양념(식초, 설탕, 다진 파, 다진 마늘, 소금, 깨소금)을 물들인 더덕에 넣고 버무린다.

6 완성접시에 보기 좋게 담아낸다.

04 북어구이

NCS 한식
구이조리

20

시험시간 : 20분

🍳 요구사항

1 구워진 북어의 길이는 5cm로 하시오.

2 유장으로 초벌구이 하고, 고추장 양념으로 석쇠에 구우시오.

3 완성품은 3개를 제출하시오.

　　(단, 세로로 잘라 3/6토막 제출할 경우 수량부족으로 실격처리)

 ## 재료

☐ 북어포(반을 갈라 말린 껍질이 있는 것, 40g) 1마리
☐ 진간장 20mL
☐ 대파(흰부분, 4cm) 1토막
☐ 마늘(중, 깐 것) 2쪽
☐ 고추장 40g
☐ 흰설탕 10g
☐ 깨소금 5g
☐ 참기름 15mL
☐ 검은후춧가루 2g
☐ 식용유 10mL

 ## 합격 포인트

1 북어를 물에 불려 사용(부서지지 않게) 한다.
2 석쇠를 사용하여 타지 않도록 굽는다.
3 반드시 유장 처리하여 애벌구이한다.

🍲 만드는 법

1 북어포는 물에 불렸다가 머리, 꼬리, 지느러미, 뼈, 잔가시를 제거한다.

2 북어의 껍질 쪽으로 잔칼집을 촘촘하게 넣고 6cm 길이로 3등분한 후 유장(참기름, 간장)을 바른다.

3 파, 마늘은 곱게 다진다.

4 석쇠로 유장 바른 북어를 올려 애벌구이한다.

5 애벌구이한 북어에 고추장 양념(고추장, 설탕, 다진 파, 다진 마늘, 참기름, 깨소금, 후추)을 골고루 발라 굽는다.

6 완성접시에 머리, 몸통, 꼬리 순으로 담는다.

05 육회

NCS 한식
생채·회조리

20

시험시간 : 20분

요구사항

1 소고기는 0.3cm × 0.3cm × 6cm로 썰어 소금 양념으로 하시오.

2 배는 0.3cm × 0.3cm × 5cm로 변색되지 않게 하여 가장자리에 돌려 담으시오.

3 마늘은 편으로 썰어 장식하고 잣가루를 고명으로 얹으시오.

4 소고기는 손질하여 전량 사용하시오.

🍲 재료

- ☐ 소고기(살코기) 90g
- ☐ 배(중, 100g) 1/4개
- ☐ 잣(깐 것) 5개
- ☐ 소금(정제염) 5g
- ☐ 마늘(중, 깐 것) 3쪽
- ☐ 대파(흰부분, 4cm) 2토막
- ☐ 검은후춧가루 2g
- ☐ 참기름 10mL
- ☐ 흰설탕 30g
- ☐ 깨소금 5g

 합격 포인트

1 소고기의 채를 고르게 썬다.
2 배와 양념한 소고기의 변색에 유의한다.

만드는 법

1 소고기는 힘줄, 기름기, 핏물을 제거하고 0.3×0.3×6cm로 채 썰어 설탕에 버무려 놓는다.

2 마늘은 일부 편 썰고, 나머지 마늘과 대파는 곱게 다진다.

3 배는 0.3×0.3×5cm로 채 썰어 설탕물에 담가놓는다.

4 잣은 곱게 다져 잣가루를 만든다.

5 육회 양념(다진 파, 다진 마늘, 소금, 설탕, 참기름, 깨소금, 후추)을 만들어 채 썬 소고기에 버무린다.

6 완성접시에 배를 돌려 두르고 양념한 소고기를 올리고, 마늘로 육회 주위를 기대어 돌려 담은 후 위에 잣가루를 뿌려 완성한다.

06 홍합초

NCS 한식
조림·초조리

20

시험시간 : 20분

🍳 요구사항

1 마늘과 생강은 편으로, 파는 2cm로 써시오.

2 홍합은 데쳐서 전량 사용하고, 촉촉하게 보이도록 국물을 끼얹어 제출하시오.

3 잣가루를 고명으로 얹으시오.

※ 2021년부터 A4용지가 지급재료목록에서 삭제되었습니다.

재료

- ☐ 생홍합(굵고 싱싱한 것, 껍질 벗긴 것으로 지급) 100g
- ☐ 대파(흰부분, 4cm) 1토막
- ☐ 검은후춧가루 2g
- ☐ 참기름 5mL
- ☐ 마늘(중, 깐 것) 2쪽
- ☐ 진간장 40mL
- ☐ 생강 15g
- ☐ 흰설탕 10g
- ☐ 잣(깐 것) 5개

합격 포인트

1 홍합은 깨끗이 손질하도록 한다. 잘 제거되지 않는 족사는 데친 후 제거가 더 쉽다.

2 조려진 홍합은 너무 질기지 않도록 한다.

3 조림장은 2~3큰술 남겨 촉촉하게 담아내야 한다.

4 대파는 반드시 통으로 사용하고 너무 무르지 않도록 한다.

🍲 만드는 법

1 홍합은 족사를 제거하고, 씻은 후 끓는 물에 데친다.

2 대파는 2cm 길이로 토막내고, 마늘과 생강 은 편썰기 한다.

3 냄비에 초 조림장(간장, 설탕, 물)을 넣고 끓 으면 홍합을 넣어 국물이 자작해질 때까지 졸이다가 생강, 마늘, 대파를 넣고 국물을 끼얹으며 윤기나게 졸이다가 참기름, 후춧 가루를 넣어 마무리한다.

4 완성접시에 보기 좋게 담고 가운데에 잣가 루를 소복하게 뿌려 완성한다.

NCS 한식
찌개조리

20

시험시간 : 20분

🧑‍🍳 요구사항

1️⃣ 두부는 2cm × 3cm × 1cm로 써시오.

2️⃣ 홍고추는 0.5cm × 3cm, 실파는 3cm 길이로 써시오.

3️⃣ 소금과 다진 새우젓의 국물로 간하고, 국물을 맑게 만드시오.

4️⃣ 찌개의 국물은 200mL 이상 제출하시오.

재료

- ☐ 두부 100g
- ☐ 생굴(껍질 벗긴 것) 30g
- ☐ 실파(1뿌리) 20g
- ☐ 홍고추(생) 1/2개
- ☐ 새우젓 10g
- ☐ 마늘(중, 깐 것) 1쪽
- ☐ 참기름 5mL
- ☐ 소금(정제염) 5g

합격 포인트

1 찌개의 간은 소금과 새우젓으로 한다.

2 국물이 맑고 깨끗하도록 한다.

3 굴을 넣고 오래 끓이면 국물이 탁해지므로 오래 끓이지 않는다.

4 홍고추를 먼저 넣고 끓이면 붉은색이 우러날 수 있으므로 마지막에 넣는다.

🍲 만드는 법

1 굴은 껍질을 골라내고 연한 소금물에 흔들어 씻는다.

2 마늘을 곱게 다지고, 실파는 3cm 길이로 썬다.

3 두부는 2×3×1cm로 썰고, 홍고추는 씨를 제거하여 0.5×3cm로 썬다.

4 새우젓은 곱게 다져 면포에 짜 놓는다.

5 냄비에 물을 올리고 끓으면 소금을 약간 넣고 두부를 먼저 넣어 끓인 후 굴, 새우젓 국물, 다진 마늘 순으로 넣고 끓인다.

6 마지막으로 실파, 홍고추를 넣고 불 끄고 참기름을 넣는다.

7 완성 그릇에 국물을 200mL 이상 담아 완성한다.

NCS 한식
전·적조리

20

시험시간 : 20분

👨‍🍳 요구사항

1 표고버섯과 속은 각각 양념하여 사용하시오.
2 표고전은 5개를 제출하시오.

재료

- [ ] 건표고버섯(지름 2.5~4cm, 부서지지 않은 것을 불려서 지급) 5개
- [ ] 소고기(살코기) 30g
- [ ] 두부 15g
- [ ] 밀가루(중력분) 20g
- [ ] 달걀 1개
- [ ] 대파(흰부분, 4cm) 1토막
- [ ] 검은후춧가루 1g
- [ ] 참기름 5mL
- [ ] 소금(정제염) 5g
- [ ] 깨소금 5g
- [ ] 마늘(중, 깐 것) 1쪽
- [ ] 식용유 20mL
- [ ] 진간장 5mL
- [ ] 흰설탕 5g

합격 포인트

1 표고의 색깔을 잘 살릴 수 있도록 한다.
2 고기가 완전히 익도록 한다.

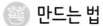 **만드는 법**

1 파, 마늘은 곱게 다진다.

2 표고버섯은 기둥을 제거하고, 간장 양념(간장, 설탕, 참기름)을 만들어 안쪽 면에 밑간을 한다.

3 두부는 으깨고, 소고기는 곱게 다진다.

4 으깬 두부, 다진 소고기에 소양념(소금, 설탕, 다진 파, 다진 마늘, 깨소금, 후추, 참기름)을 넣어 치댄다.

5 표고버섯 안쪽에 밀가루를 바르고 소를 채운다.

6 소를 채운 면에 밀가루, 달걀물 순으로 묻히고 약불에서 지져낸다.

7 완성접시에 보기 좋게 담아낸다.

NCS 한식
전·적조리
20
시험시간 : 20분

 요구사항

1 육원전은 지름 4cm, 두께 0.7cm가 되도록 하시오.

2 달걀은 흰자, 노른자를 혼합하여 사용하시오.

3 육원전은 6개를 제출하시오.

 ## 재료

- [ ] 소고기(살코기) 70g
- [ ] 두부 30g
- [ ] 밀가루(중력분) 20g
- [ ] 달걀 1개
- [ ] 대파(흰부분, 4cm) 1토막
- [ ] 검은후춧가루 2g
- [ ] 참기름 5mL
- [ ] 소금(정제염) 5g
- [ ] 마늘(중, 깐 것) 1쪽
- [ ] 식용유 30mL
- [ ] 깨소금 5g
- [ ] 흰설탕 5g

합격 포인트

1 고기와 두부의 배합이 맞아야 한다(3:1).

2 전의 속까지 익도록 한다.

3 모양이 흐트러지지 않아야 한다.

4 완자는 익으면 가운데가 볼록해지므로 가운데를 살짝 눌러 빚어줘야 한다.

5 소고기는 곱게 다져지지 않으면 모양이 예쁘게 만들어지지 않는다.

🍲 만드는 법

1 파, 마늘은 곱게 다진다.

2 두부는 으깨고, 소고기는 곱게 다진다.

3 으깬 두부, 다진 소고기에 소양념(소금, 설탕, 다진 파, 다진 마늘, 깨소금, 후추, 참기름)을 넣어 끈기가 생길 때까지 치댄다.

4 직경 4.5cm, 두께 0.6~0.7cm의 크기로 동글납작하게 완자를 6개 빚어 밀가루, 달걀물 순으로 묻히고 약불에서 지져낸다.

5 완성접시에 보기 좋게 담아낸다.

10 오이소박이

NCS 한식
숙채조리

20

시험시간 : 20분

👨‍🍳 요구사항

1️⃣ 오이는 6cm 길이로 3토막 내시오.

2️⃣ 오이에 3~4갈래 칼집을 넣을 때 양쪽 끝이 1cm 남도록 하고, 절여 사용하시오.

3️⃣ 소를 만들 때 부추는 1cm 길이로 썰고, 새우젓은 다져 사용하시오.

4️⃣ 그릇에 묻은 양념을 이용하여 국물을 만들어 소박이 위에 부어내시오.

 재료

- ☐ 오이(가는 것, 20cm 정도) 1개
- ☐ 부추 20g
- ☐ 새우젓 10g
- ☐ 대파(흰부분, 4cm 정도) 1토막
- ☐ 마늘(중, 깐 것) 1쪽
- ☐ 생강 10g
- ☐ 고춧가루 10g
- ☐ 소금(정제염) 50g

 합격 포인트

1 오이에 3~4갈래로 칼집을 넣을 때 양쪽이 잘리지 않도록 한다.

2 절여진 오이의 간과 소의 간을 잘 맞춘다.

3 고춧가루를 불려서 양념하면 젓가락이나 이쑤시개, 산적꼬지로 속을 채우기에 좋다.

🍲 만드는 법

1. 오이를 3등분하여 열십자 칼집을 넣고 소금물에 절인다.
2. 파, 마늘, 생강, 새우젓을 곱게 다지고, 부추는 1cm로 송송 썬다.
3. 소박이 양념(고춧가루 1큰술, 파, 마늘, 생강, 새우젓, 소금, 물 약간)을 만든다.
4. 절여진 오이의 물기를 제거하고 소를 채워 넣는다.
5. 완성접시에 오이를 담고 김치국물(남은 양념+물 2큰술)을 만들어 소박이 위에 촉촉하게 부어 담는다.

NCS 한식
기초조리실무

25

시험시간 : 25분

👨‍🍳 **요구사항**

1 무, 오이, 당근, 달걀지단을 썰기 하여 전량 제출하시오.
   (단, 재료별 써는 방법이 틀렸을 경우 실격)

2 무는 채썰기, 오이는 돌려깎기하여 채썰기, 당근은 골패썰기를 하시오.

3 달걀은 흰자와 노른자를 분리하여 알끈과 거품을 제거하고 지단을 부쳐 완자(마름모꼴)모양으로 각 10개를 썰고, 나머지는 채썰기를 하시오.

4 재료썰기의 크기는 다음과 같이 하시오.
   1) 채썰기 － 0.2cm×0.2cm×5cm
   2) 골패썰기 － 0.2cm×1.5cm×5cm
   3) 마름모형 썰기 － 한 면의 길이가 1.5cm

재료

- ☐ 무 100g
- ☐ 오이(길이 25cm) 1/2개
- ☐ 당근(길이 6cm) 1토막
- ☐ 달걀 3개
- ☐ 식용유 20mL
- ☐ 소금 10g

합격 포인트

1 달걀지단은 온도에 주의하여 기포가 생기지 않도록 한다.

2 지단 마름모꼴을 썰 때는 칼의 각도에 유의한다.

🍲 만드는 법

1 무는 0.2×0.2×5cm 길이로 채 썰고, 오이는 돌려깎기하여 0.2×0.2×5cm 길이로 채 썬다.

2 당근은 껍질을 제거하여 0.2×1.5×5cm 크기로 골패 썰기를 한다.

3 지단을 부치고 마름모꼴 모양으로 한 면의 길이가 1.5cm로 황백 각각 10개씩 썰고, 나머지는 채(0.2×0.2×5cm)썰기를 한다.

4 완성접시에 보기 좋게 담아낸다.

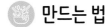

12 풋고추전

NCS 한식
전·적조리

25

시험시간 : 25분

🧑‍🍳 요구사항

1. 풋고추는 5cm 길이로, 소를 넣어 지져 내시오.
2. 풋고추는 잘라 데쳐서 사용하며, 완성된 풋고추전은 8개를 제출하시오.

🍲 재료

- ☐ 풋고추(길이 11cm 이상) 2개
- ☐ 소고기(살코기) 30g
- ☐ 두부 15g
- ☐ 밀가루(중력분) 15g
- ☐ 달걀 1개
- ☐ 대파(흰부분, 4cm) 1토막
- ☐ 검은후춧가루 1g
- ☐ 참기름 5mL
- ☐ 소금(정제염) 5g
- ☐ 깨소금 5g
- ☐ 마늘(중, 깐 것) 1쪽
- ☐ 식용유 20mL
- ☐ 흰설탕 5g

합격 포인트

1 풋고추 안쪽에 밀가루를 꼼꼼히 발라 소가 빠져나오지 않도록 점착성
을 높인다.

2 노른자와 흰자의 양을 조절하여 전의 색을 좋게 한다.

3 풋고추 길이가 10cm 넘을 때는 양쪽을 자르지 말고 풋고추의 중간부분
을 제거해서 크기를 조정한다.

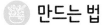 만드는 법

1. 풋고추는 반으로 갈라 씨를 제거한 다음 5cm 길이로 잘라 소금물에 데친다.

2. 파, 마늘은 곱게 다진다.

3. 두부는 으깨고, 소고기는 곱게 다진다.

4. 으깬 두부, 다진 소고기에 소양념(소금, 설탕, 다진 파, 다진 마늘, 깨소금, 후추, 참기름)을 넣어 끈기가 생길 때까지 치댄다.

5. 풋고추 안쪽에 밀가루를 묻힌 뒤 소를 편편하게 채우고 밀가루, 달걀물 순으로 묻히고 약불에서 지져낸다.

6. 완성접시에 보기 좋게 담아낸다.

13 생선전

NCS 한식
전·적조리

25

시험시간 : 25분

👨‍🍳 요구사항

1. 생선은 세장 뜨기하여 껍질을 벗겨 포를 뜨시오.
2. 생선전은 0.5cm × 5cm × 4cm로 만드시오.
3. 달걀은 흰자, 노른자를 혼합하여 사용하시오.
4. 생선전은 8개 제출하시오.

재료

- ☐ 동태(400g) 1마리
- ☐ 밀가루(중력분) 30g
- ☐ 달걀 1개
- ☐ 소금(정제염) 10g
- ☐ 흰후춧가루 2g
- ☐ 식용유 50mL

합격 포인트

1 생선살은 깨끗하게 바르고, 물기가 적어야 생선이 부서지지 않는다.

2 밀가루는 지지기 직전에 묻히고 달걀물을 입혀야 달걀옷이 떨어지지 않는다.

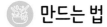

만드는 법

1. 동태는 비늘, 지느러미, 머리, 내장을 제거하고 세장뜨기하여 껍질을 제거한다.

2. 껍질을 벗긴 생선을 0.5×5×4cm로 포를 뜨고 소금과 흰후춧가루로 밑간을 한다.

3. 밑간한 생선에 밀가루, 달걀물 순으로 묻히고 약불에서 지져낸다.

14 두부조림

NCS 한식

조림·초조리

25

시험시간 : 25분

🍳 요구사항

1 두부는 0.8cm × 3cm × 4.5cm로 잘라 지져서 사용하시오.

2 8쪽을 제출하고, 촉촉하게 보이도록 국물을 약간 끼얹어 내시오.

3 실고추와 파채를 고명으로 얹으시오.

 재료

- ☐ 두부 200g
- ☐ 대파(흰부분, 4cm) 1토막
- ☐ 실고추 1g
- ☐ 검은후춧가루 1g
- ☐ 참기름 5mL
- ☐ 소금(정제염) 5g
- ☐ 마늘(중, 깐 것) 1쪽
- ☐ 식용유 30mL
- ☐ 진간장 15mL
- ☐ 깨소금 5g
- ☐ 흰설탕 5g

 합격 포인트

1️⃣ 두부의 크기를 일정하게 한다.
2️⃣ 두부조림은 두부를 충분히 노릇하게 구워야 졸였을 때 색이 예쁘다.
3️⃣ 두부가 부서지지 않고 질기지 않아야 한다.

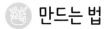 **만드는 법**

1 두부는 0.8×3×4.5cm로 썰고 소금을 뿌린다.

2 대파 일부는 2cm로 곱게 채 썰고, 나머지 대파와 마늘은 다진다.

3 두부는 팬에 식용유를 두르고 앞뒤로 노릇 하게 지진다.

4 냄비에 두부를 담고 조림장(간장, 설탕, 물, 다진 파, 다진 마늘, 참기름, 후추, 깨소금) 을 넣고 끼얹어 가며 윤기나게 조린다.

5 조린 두부에 실고추와 파채를 고명으로 얹 고, 완성접시에 담고 국물을 촉촉하게 끼얹 어 낸다.

NCS 한식
구이조리

25

시험시간 : 25분

👨‍🍳 **요구사항**

1 완성된 너비아니는 0.5cm × 4cm × 5cm로 하시오.

2 석쇠를 사용하여 굽고, 6쪽 제출하시오.

3 잣가루를 고명으로 얹으시오.

※ 2021년부터 A4용지가 지급재료목록에서 삭제되었습니다.

🍲 재료

- ☐ 소고기(안심 또는 등심, 덩어리로) 100g
- ☐ 진간장 50mL
- ☐ 대파(흰부분, 4cm) 1토막
- ☐ 마늘(중, 깐 것) 2쪽
- ☐ 검은후춧가루 2g
- ☐ 흰설탕 10g
- ☐ 깨소금 5g
- ☐ 참기름 10mL
- ☐ 배(50g) 1/8개
- ☐ 식용유 10mL
- ☐ 잣(깐 것) 5개

합격 포인트

1 고기의 크기를 일정하게 자르고 완전히 익히도록 한다.

2 구이가 약간 식은 후 잣가루를 뿌려야 잣가루가 고슬해 보인다.

3 타지 않게 불조절에 유의한다.

🍱 만드는 법

1 배는 강판에 갈아 면포에 짜서 배즙을 만들고 파, 마늘은 곱게 다진다.

2 소고기는 핏물을 제거한 후 결반대 방향으로 0.5×4×5cm로 썰고, 칼등으로 두들긴 다음 배즙에 재운다.

3 간장 양념(간장, 설탕, 배즙, 다진 파, 다진 마늘, 참기름, 후추, 깨소금)을 만들어 배즙에 재운 소고기를 양념한다.

4 석쇠에 양념한 고기를 올리고 타지 않게 굽는다.

5 완성접시에 담고, 잣가루를 뿌려 완성한다.

요구사항

1 완성된 제육은 0.4cm × 4cm × 5cm로 하시오.

2 고추장 양념하여 석쇠에 구우시오.

3 제육구이는 전량 제출하시오.

재료

- [ ] 돼지고기(등심 또는 볼깃살) 150g
- [ ] 고추장 40g
- [ ] 진간장 10mL
- [ ] 대파(흰부분, 4cm) 1토막
- [ ] 마늘(중, 깐 것) 2쪽
- [ ] 검은후춧가루 2g
- [ ] 흰설탕 15g
- [ ] 깨소금 5g
- [ ] 참기름 5mL
- [ ] 생강 10g
- [ ] 식용유 10mL

합격 포인트

1 구워진 표면이 마르지 않도록 한다.

2 구워진 고기의 모양과 색깔에 유의하여 굽는다.

3 너비아니구이와 제육구이는 유장을 바르고 굽는 애벌구이과정이 없다.

4 고기를 충분히 양념장에 재운 후 구워야 색이 좋다.

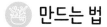 **만드는 법**

1️⃣ 파, 마늘, 생강은 곱게 다진다.

2️⃣ 돼지고기는 0.4×4×5cm로 썰어 앞, 뒤로 잔 칼집을 넣는다.

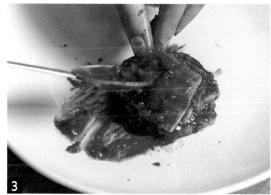

3️⃣ 손질한 돼지고기에 고추장 양념(고추장, 설탕, 다진 파, 다진 마늘, 다진 생강, 후추, 깨소금, 참기름)을 앞, 뒤로 바르고 석쇠로 타지 않게 굽는다.

4️⃣ 완성접시에 보기 좋게 담아낸다.

17 더덕구이

NCS 한식
구이조리

30

시험시간 : 30분

🧑‍🍳 요구사항

1 더덕은 껍질을 벗겨 사용하시오.
2 유장으로 초벌구이 하고, 고추장양념으로 석쇠에 구우시오.
3 완성품은 전량 제출하시오.

 재료

- [ ] 통더덕(껍질 있는 것, 길이 10~15cm) 3개
- [ ] 진간장 10mL
- [ ] 대파(흰부분, 4cm) 1토막
- [ ] 마늘(중, 깐 것) 1쪽
- [ ] 고추장 30g
- [ ] 흰설탕 5g
- [ ] 깨소금 5g
- [ ] 참기름 10mL
- [ ] 소금(정제염) 10g
- [ ] 식용유 10mL

합격 포인트

1 더덕이 부서지지 않게 두드린다.
2 더덕이 타지 않도록 굽는데 유의한다.

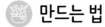
만드는 법

1 더덕은 껍질을 벗기고 5cm 정도로 자른 후 통이나 반으로 갈라 소금물에 담가둔다.

2 파, 마늘은 곱게 다진다.

3 더덕은 물기를 제거하고 밀대로 밀고, 두들 겨서 평평하게 편다.

4 더덕에 앞, 뒤로 유장(간장, 참기름)을 바르 고 석쇠에 올려 애벌구이한다.

5 고추장 양념(고추장, 설탕, 다진 파, 다진 마 늘, 참기름, 깨소금)을 만들어 애벌구이한 더덕에 발라 석쇠에 앞, 뒤로 굽는다.

6 완성접시에 전량을 보기 좋게 담아낸다.

18 생선양념구이

NCS 한식
구이조리

30

시험시간 : 30분

요구사항

1 생선은 머리와 꼬리를 포함하여 통째로 사용하고 내장은 아가미쪽으로 제거하시오.

2 칼집 넣은 생선은 유장으로 초벌구이 하고, 고추장 양념으로 석쇠에 구우시오.

3 생선구이는 머리 왼쪽, 배 앞쪽 방향으로 담아내시오.

 재료

☐ 조기(100~120g) 1마리   ☐ 깨소금 5g

☐ 진간장 20mL   ☐ 참기름 5mL

☐ 대파(흰부분, 4cm) 1토막   ☐ 소금(정제염) 20g

☐ 마늘(중, 깐 것) 1쪽   ☐ 검은후춧가루 2g

☐ 고추장 40g   ☐ 식용유 10mL

☐ 흰설탕 5g

 합격 포인트

1 부서지지 않게 굽도록 유의한다.

2 생선을 담을 때는 방향을 고려해야 한다.

3 식용유를 바른 후 석쇠를 충분히 달구어야 생선이 달라붙지 않는다.

4 애벌구이로 생선을 충분히 익혀야 고추장 양념이 흘러내리지 않고 타지 않는다.

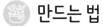 **만드는 법**

1 생선은 비늘, 지느러미, 아가미, 내장을 제거하고 앞뒤로 2~3번의 칼집을 넣고 소금을 뿌린다.

2 파, 마늘은 곱게 다진다.

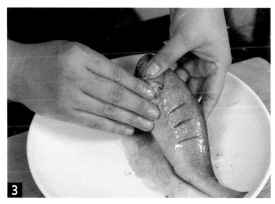

3 생선에 앞, 뒤로 유장(간장, 참기름)을 바르고 석쇠에 올려 애벌구이한다.

4 고추장 양념(고추장, 설탕, 다진 파, 다진 마늘, 참기름, 후추, 깨소금)을 만들어 애벌구이한 생선에 발라 석쇠에 앞, 뒤로 굽는다.

5 완성접시에 생선머리는 왼쪽, 꼬리는 오른쪽, 배는 앞쪽으로 오게 담는다.

19 장국죽

NCS 한식
죽조리

30

시험시간 : 30분

🧑‍🍳 요구사항

1 불린 쌀을 반정도로 싸라기를 만들어 죽을 쑤시오.

2 소고기는 다지고 불린 표고는 3cm의 길이로 채 써시오.

 ## 재료

- ☐ 쌀(30분 정도 물에 불린 쌀) 100g
- ☐ 소고기(살코기) 20g
- ☐ 건표고버섯(지름 5cm, 물에 불린 것, 부서지지 않은 것) 1개
- ☐ 대파(흰부분, 4cm) 1토막
- ☐ 마늘(중, 깐 것) 1쪽
- ☐ 진간장 10mL
- ☐ 깨소금 5g
- ☐ 검은후춧가루 1g
- ☐ 참기름 10mL
- ☐ 국간장 10mL

합격 포인트

1 죽의 완성 농도에 주의하고, 제출 직전에 다시 농도를 맞추고 완성그릇에 담아 제출한다.

2 지급재료에 설탕이 없으며 설탕을 고기, 표고양념에 넣으면 오작이고 죽이 금방 삭는다.

🍲 만드는 법

1 파, 마늘은 곱게 다진다.

2 씻어서 물기를 뺀 쌀은 싸라기 정도로 부순다.

3 불린 표고버섯은 3cm 길이로 채 썰고, 소고 기는 곱게 다져 간장양념(진간장, 다진 파, 다진 마늘, 깨소금, 참기름, 후추)으로 양념 한다.

4 냄비에 참기름을 두르고 소고기, 표고버섯, 쌀 싸라기 순으로 볶는다.

5 쌀 분량의 6배(3컵)의 물을 넣고 쌀알이 퍼 질 때까지 저어주며 끓인다.

6 쌀알이 퍼지면 국간장으로 색을 맞추고 그 릇에 담아낸다.

NCS 한식
밥조리

30

시험시간 : 30분

 요구사항

1 콩나물은 꼬리를 다듬고 소고기는 채 썰어 간장양념을 하시오.
2 밥을 지어 전량 제출하시오.

 재료

☐ 쌀(30분 정도 물에 불린 쌀) 150g
☐ 콩나물 60g
☐ 소고기(살코기) 30g
☐ 대파(흰부분, 4cm) 1/2토막
☐ 마늘(중, 깐 것) 1쪽
☐ 진간장 5mL
☐ 참기름 5mL

 합격 포인트

1 소고기의 굵기와 크기에 유의한다.
2 밥물 및 불 조절과 완성된 밥의 상태에 유의한다.

🥘 만드는 법

1 콩나물은 꼬리 부분만 다듬고 파, 마늘은 곱게 다진다.

2 소고기는 핏물을 제거하고 채 썰어 간장 양념(간장, 다진 파, 다진 마늘, 참기름)에 양념한다.

3 냄비에 쌀을 넣고 동일한 양의 물을 넣은 후 그 위에 콩나물과 양념한 소고기를 잘 펴서 올리고 불조절을 유의하여 끓인 후 불을 끄고 뜸을 들인다.

4 콩나물, 소고기가 고루 섞이도록 한 후 밥을 그릇에 담아낸다.

21 섭산적

NCS 한식

전·적조리

30

시험시간 : 30분

👨‍🍳 요구사항

1 고기와 두부의 비율을 3:1 정도로 하시오.

2 다져서 양념한 소고기는 크게 반대기를 지어 석쇠에 구우시오.

3 완성된 섭산적은 0.7cm × 2cm × 2cm로 9개 이상 제출하시오.

4 잣가루를 고명으로 얹으시오.

재료

- [ ] 소고기(살코기) 80g
- [ ] 두부 30g
- [ ] 대파(흰부분, 4cm) 1토막
- [ ] 마늘(중, 깐 것) 1쪽
- [ ] 소금(정제염) 5g
- [ ] 흰설탕 10g
- [ ] 깨소금 5g
- [ ] 참기름 5mL
- [ ] 검은후춧가루 2g
- [ ] 잣(깐 것) 10개
- [ ] 식용유 30mL

합격 포인트

1 고기가 타지 않게 잘 구워지도록 유의한다.
2 고기와 두부를 곱게 다져 표면을 매끄럽게 한다.
3 식은 고기를 식힌 후 썰어야 모양이 부서지지 않는다.

만드는 법

1. 파, 마늘은 곱게 다진다.

2. 두부는 으깨고, 소고기는 곱게 다진다.

3. 으깬 두부, 다진 소고기에 소양념(소금, 설탕, 다진 파, 다진 마늘, 깨소금, 후추, 참기름)을 넣어 끈기가 생길 때까지 치댄다.

4. 치댄 반대기를 0.6×9×9cm 크기로 만들어 잔 칼집을 넣고 석쇠에 올려 앞, 뒤로 타지 않게 굽는다.

5. 섭산적이 식으면 2×2cm 크기로 네모나게 썰어 일정 간격으로 접시에 담고 잣가루를 얹어 완성한다.

22 오징어볶음

NCS 한식
볶음조리

30

시험시간 : 30분

🧑‍🍳 요구사항

1 오징어는 0.3cm 폭으로 어슷하게 칼집을 넣고, 크기는 4cm × 1.5cm로 써시오(단, 오징어 다리는 4cm 길이로 자른다).

2 고추, 파는 어슷썰기, 양파는 폭 1cm로 써시오.

재료

- ☐ 물오징어(250g) 1마리
- ☐ 소금(정제염) 5g
- ☐ 진간장 10mL
- ☐ 흰설탕 20g
- ☐ 참기름 10mL
- ☐ 깨소금 5g
- ☐ 풋고추(길이 5cm 이상) 1개
- ☐ 홍고추(생) 1개
- ☐ 양파(중, 150g) 1/3개
- ☐ 마늘(중, 깐 것) 2쪽
- ☐ 대파(흰부분, 4cm) 1토막
- ☐ 생강 5g
- ☐ 고춧가루 15g
- ☐ 고추장 50g
- ☐ 검은후춧가루 2g
- ☐ 식용유 30mL

 합격 포인트

1 오징어 칼집은 일정하게 넣어야 모양이 예쁘다.

2 제출하기 직전에 볶아야 물이 생기지 않는다.

3 고추장 양념은 쉽게 타므로 불조절에 유의한다.

🍲 만드는 법

1 오징어는 내장을 제거한 후 몸통과 다리의 껍질을 벗기고 몸통 안쪽에 0.3cm 간격으로 어슷하게 칼집을 넣고 몸통은 4×1.5cm, 다리는 4cm 길이로 썬다.

2 마늘, 생강은 곱게 다진다.

3 양파는 1cm 폭으로 자르고, 대파, 풋고추, 홍고추는 0.5cm 두께로 어슷하게 썬다.

4 팬에 식용유를 두르고 양파를 볶다가 오징어를 넣고 칼집 모양이 선명하게 볶아지면 고추장 양념(고추장, 고춧가루, 설탕, 다진 마늘, 다진 생강, 간장, 깨소금, 후추, 참기름), 홍고추, 풋고추, 대파를 넣어 살짝 볶아 참기름으로 마무리한다.

5 완성접시에 모든 재료가 보이도록 담아낸다.

23 생선찌개

NCS 한식
찌개조리

30

시험시간 : 30분

🧑‍🍳 요구사항

1 생선은 4~5cm 정도의 토막으로 자르시오.

2 무, 두부는 2.5cm × 3.5cm × 0.8cm로 써시오.

3 호박은 0.5cm 반달형, 고추는 통 어슷썰기, 쑥갓과 파는 4cm로 써시오.

4 고추장, 고춧가루를 사용하여 만드시오.

5 각 재료는 익는 순서에 따라 조리하고, 생선살이 부서지지 않도록 하시오.

6 생선머리를 포함하여 전량 제출하시오.

🍲 재료

- [ ] 동태(300g) 1마리
- [ ] 무 60g
- [ ] 애호박 30g
- [ ] 두부 60g
- [ ] 풋고추(길이 5cm 이상) 1개
- [ ] 홍고추(생) 1개
- [ ] 쑥갓 10g
- [ ] 마늘(중, 깐 것) 2쪽
- [ ] 생강 10g
- [ ] 실파(2뿌리) 40g
- [ ] 고추장 30g
- [ ] 소금(정제염) 10g
- [ ] 고춧가루 10g

 합격 포인트

1 생선살이 부서지지 않도록 한다.
2 각 재료의 익히는 순서를 고려한다.
3 생선 머리는 아가미를 제거하고, 손질에 주의한다.

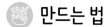 **만드는 법**

1 무와 두부는 2.5×3.5×0.8cm로 썬다.

2 애호박은 0.5cm 두께의 반달모양으로 썰고, 실파와 쑥갓은 4cm로 썬다.

3 풋고추와 홍고추는 어슷썰기하고 마늘, 생강은 곱게 다진다.

4 생선은 지느러미와 아가미, 비늘, 내장을 제거하고 4~5cm 정도로 토막을 낸다.

5 냄비에 물을 넣고, 고추장, 고춧가루를 풀고 무, 생선, 호박, 두부, 풋고추, 홍고추, 다진 마늘, 다진 생강 순으로 넣고 소금으로 간을 한다.

6 실파와 쑥갓을 넣어 마무리한다.

7 완성그릇에 보기 좋게 담아낸다.

NCS 한식
국·탕조리

30

시험시간 : 30분

요구사항

1 완자는 직경 3cm로 6개를 만들고, 국 국물의 양은 200mL 이상 제출하시오.

2 달걀은 지단과 완자용으로 사용하시오.

3 고명으로 황·백지단(마름모꼴)을 각 2개씩 띄우시오.

 재료

- ☐ 소고기(살코기) 50g
- ☐ 소고기(사태부위) 20g
- ☐ 달걀 1개
- ☐ 대파(흰부분, 4cm) 1/2토막
- ☐ 밀가루(중력분) 10g
- ☐ 마늘(중, 깐 것) 2쪽
- ☐ 식용유 20mL
- ☐ 소금(정제염) 10g

- ☐ 검은후춧가루 2g
- ☐ 두부 15g
- ☐ 키친타올(종이, 주방용, 소 18×20cm) 1장
- ☐ 국간장 5mL
- ☐ 참기름 5mL
- ☐ 깨소금 5g
- ☐ 흰설탕 5g

 합격 포인트

1 육수 국물을 맑게 처리하여 양에 유의한다.

2 완자의 크기를 일정하게 하고, 완자의 달걀옷이 떨어지지 않도록 주의한다.

🍲 만드는 법

1 물에 소고기(사태)와 대파, 마늘을 넣고 육수를 끓이고 면포에 걸러 간장으로 색을 내고 소금으로 간을 한다.

2 파, 마늘은 곱게 다진다.

3 두부는 으깨고, 소고기(살코기)는 곱게 다진다.

4 으깬 두부, 다진 소고기에 소양념(다진 파, 다진 마늘, 소금, 설탕, 깨소금, 후추, 참기름)을 넣어 끈기가 생길 때까지 치대고 직경 3cm 크기 완자를 6개 만든다.

5 달걀은 황·백으로 나누어 지단을 부쳐 마름모꼴로 썰고, 남은 달걀은 섞어서 달걀물을 만든다.

6 완자는 밀가루, 달걀물 순으로 골고루 묻히고 팬에 굴려가며 익힌다.

7 육수에 익힌 완자를 넣고 끓이고 완성그릇에 완자와 국물 1컵을 넣고 마름모꼴로 썰어 낸 황·백지단을 2개씩 얹어 완성한다.

25 겨자채

NCS 한식
생채·회조리

35

시험시간 : 35분

🍳 요구사항

1 채소, 편육, 황·백지단, 배는 0.3cm × 1cm × 4cm로 써시오.
2 밤은 모양대로 납작하게 써시오.
3 겨자는 발효시켜 매운맛이 나도록 하여 간을 맞춘 후 재료를
무쳐서 담고, 통잣은 고명으로 올리시오.

🥗 재료

- ☐ 양배추(길이 5cm) 50g
- ☐ 오이(가늘고 곧은 것, 20cm) 1/3개
- ☐ 당근(곧은 것, 길이 7cm) 50g
- ☐ 소고기(살코기, 길이 5cm) 50g
- ☐ 밤(중, 생 것, 껍질 깐 것) 2개
- ☐ 달걀 1개
- ☐ 배(중, 길이로 등분, 50g 정도 지급) 1/8개

- ☐ 흰설탕 20g
- ☐ 잣(깐 것) 5개
- ☐ 소금(정제염) 5g
- ☐ 식초 10mL
- ☐ 진간장 5mL
- ☐ 겨자가루 6g
- ☐ 식용유 10mL

합격 포인트

1 채소는 싱싱하게 아삭거릴 수 있도록 준비한다.

2 겨자는 매운맛이 나도록 준비한다.

3 내기 직전에 버무려 숨죽지 않고 색이 살아있게 한다.

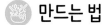 **만드는 법**

1 냄비에 물을 끓여 그릇에 겨자가루 1큰술과 따뜻한 물 1큰술을 개어 발효시킨다.

2 끓는 물에 고기를 덩어리째 넣어 삶고 식으면 0.3×1×4cm로 썬다.

3 배는 0.3×1×4cm로 썰고, 밤은 모양대로 납작하게 썰어 설탕물에 담근다.

4 양배추, 오이, 당근은 0.3×1×4cm로 썰어 찬물에 담근다.

5 달걀은 황·백으로 나누어 지단을 부쳐서 0.3×1×4cm로 썬다.

6 준비한 재료들(양배추, 당근, 오이, 배, 밤, 황·백지단, 고기)의 물기를 제거하고 겨자 소스(발효시킨 겨자, 설탕, 식초, 소금, 물 약간, 간장)에 버무린다.

7 완성접시에 겨자채를 담고 잣을 고명으로 올린다.

26

미나리강회

NCS 한식
생채·회조리

35

시험시간 : 35분

🧑‍🍳 요구사항

1️⃣ 강회의 폭은 1.5cm, 길이는 5cm로 만드시오.

2️⃣ 붉은 고추의 폭은 0.5cm, 길이는 4cm로 만드시오.

3️⃣ 달걀은 황·백지단으로 사용하시오.

4️⃣ 강회는 8개 만들어 초고추장과 함께 제출하시오.

 ## 재료

- [ ] 소고기(살코기, 길이 7cm) 80g
- [ ] 미나리(줄기 부분) 30g
- [ ] 홍고추(생) 1개
- [ ] 달걀 2개
- [ ] 고추장 15g
- [ ] 식초 5mL
- [ ] 흰설탕 5g
- [ ] 소금(정제염) 5g
- [ ] 식용유 10mL

합격 포인트

1 각 재료 크기를 같게 한다.

2 색깔은 조화 있게 만든다.

3 미나리 감는 넓이를 일정하게 해야 모양이 예쁘다.

🥗 만드는 법

1 냄비 물에 소금을 넣고 미나리 줄기 부분만 데쳐 찬물에 식히고, 굵은 부분은 반으로 갈라 준비한다.

2 끓는 물에 고기를 덩어리째 넣고 삶고 식으면 두께 0.3cm, 폭 1.5cm, 길이 5cm로 썬다.

3 홍고추는 반으로 갈라 씨를 제거한 후 0.5× 4cm로 썬다.

4 달걀은 황·백으로 나누어 지단을 부치고 폭 1.5×5cm로 썬다.

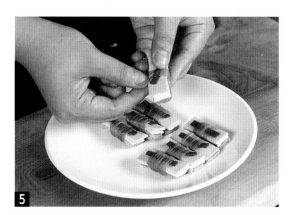

5 편육-백지단-황지단-홍고추를 함께 미나리로 중간지점에 3~4번 정도 돌돌 말아 풀리지 않게 감는다.

6 초고추장(고추장, 설탕, 식초, 물)을 만든다.

7 완성접시에 미나리강회 8개를 담고 초고추장을 곁들인다.

27 탕평채

NCS 한식
숙채조리

35

시험시간 : 35분

 요구사항

1 청포묵은 0.4cm × 0.4cm × 6cm로 썰어 데쳐서 사용하시오.
2 모든 부재료의 길이는 4~5cm로 써시오.
3 소고기, 미나리, 거두절미한 숙주는 각각 조리하여 청포묵과 함께 초간장으로 무쳐 담아내시오.
4 황·백지단은 4cm 길이로 채 썰고, 김은 구워 부셔서 고명으로 얹으시오.

재료

- ☐ 청포묵(중, 길이 6cm) 150g
- ☐ 소고기(살코기, 길이 5cm) 20g
- ☐ 숙주(생 것) 20g
- ☐ 미나리(줄기 부분) 10g
- ☐ 달걀 1개
- ☐ 김 1/4장
- ☐ 진간장 20mL
- ☐ 마늘(중, 깐 것) 2쪽
- ☐ 대파(흰부분, 4cm) 1토막
- ☐ 검은후춧가루 1g
- ☐ 참기름 5mL
- ☐ 흰설탕 5g
- ☐ 깨소금 5g
- ☐ 식초 5mL
- ☐ 소금(정제염) 5g
- ☐ 식용유 10mL

🧑‍🍳 합격 포인트

1 청포묵은 일정한 굵기로 썰고 강불에서 오래 데치지 않는다.

 만드는 법

1 청포묵은 0.4×0.4×6cm로 썰고, 숙주는 거두절미한다.

2 끓는 물에 청포묵, 숙주는 데치고 헹구어 식힌 후 각각 소금, 참기름으로 밑간한다.

3 미나리는 데쳐서 4~5cm 길이로 썰어 소금, 참기름으로 밑간한다.

4 파, 마늘은 곱게 다진다.

5 달군 팬에 김을 구운 후 부순다.

6 달걀은 황·백으로 나누어 지단을 부친 후 4cm 길이로 채 썬다.

7 소고기는 5cm 길이로 채 썰어 양념(간장, 설탕, 다진 파, 다진 마늘, 깨소금, 참기름, 후추)을 하고 볶는다.

8 청포묵에 초간장(간장, 설탕, 식초)을 넣고 버무린 후 숙주, 미나리, 볶은 소고기를 버무려 그릇에 담는다.

9 부순 김과 황백지단을 고명으로 얹어 완성한다.

28 화양적

NCS 한식
전·적조리

35

시험시간 : 35분

🍳 요구사항

1. 화양적은 0.6cm × 6cm × 6cm로 만드시오.
2. 달걀노른자로 지단을 만들어 사용하시오.
   (단, 달걀흰자 지단을 사용하는 경우 실격 처리)
3. 화양적은 2꼬치를 만들고 잣가루를 고명으로 얹으시오.

※ 2021년부터 A4용지가 지급재료목록에서 삭제되었습니다.

재료

- [ ] 소고기(살코기, 길이 7cm) 50g
- [ ] 건표고버섯(지름 5cm, 물에 불린 것, 부서지지 않은 것) 1개
- [ ] 당근(곧은 것, 길이 7cm) 50g
- [ ] 오이(가늘고 곧은 것, 20cm) 1/2개
- [ ] 통도라지(껍질 있는 것, 길이 20cm) 1개
- [ ] 달걀 2개
- [ ] 잣(깐 것) 10개
- [ ] 산적꼬치(길이 8~9cm) 2개
- [ ] 진간장 5mL
- [ ] 대파(흰부분, 4cm) 1토막
- [ ] 마늘(중, 깐 것) 1쪽
- [ ] 소금(정제염) 5g
- [ ] 흰설탕 5g
- [ ] 깨소금 5g
- [ ] 참기름 5mL
- [ ] 검은후춧가루 2g
- [ ] 식용유 30mL

합격 포인트

1 끼우는 순서는 색의 조화가 잘 이루어지도록 한다.

2 재료들을 꼬지에 끼우다 끊어질 수 있으므로 수량을 여유있게 만든다.

🌱 만드는 법

1 도라지는 껍질을 벗기고 0.6×1×6cm로 썬다.

2 당근도 0.6×1×6cm로 썬다.

3 끓는 물에 도라지와 당근을 데친 후 찬물에 식힌다.

4 오이는 0.6×1×6cm로 썰어 소금물에 절인다.

5 파, 마늘은 곱게 다진다.

6 불린 표고버섯은 0.6×1×6cm로 썰고, 소고 기는 0.5×1×7cm로 썰어 칼등으로 연육한 후 간장 양념(간장, 설탕, 다진 파, 다진 마늘, 후추, 깨소금, 참기름)으로 양념한다.

7 달걀은 노른자만 사용하여 0.6cm 두께로 지단을 부쳐 1cm 폭으로 자른다.

8 팬에 식용유를 두르고 도라지, 당근, 오이와 양념한 표고버섯과 고기를 순서대로 익힌다.

9 꼬치의 양끝을 1cm만 남기고 꼬치에 재료를 색 맞추어 끼운다.

10 접시에 꼬치를 담고 잣가루를 올려 완성한다.

지짐누름적

NCS 한식
전·적조리
35
시험시간 : 35분

👨‍🍳 **요구사항**

1 각 재료는 0.6cm×1cm×6cm로 하시오.
2 누름적의 수량은 2개를 제출하고, 꼬치는 빼서 제출하시오.

 재료

- ☐ 소고기(살코기, 길이 7cm) 50g
- ☐ 건표고버섯(지름 5cm, 물에 불린 것, 부서지지 않은 것) 1개
- ☐ 당근(길이 7cm, 곧은 것) 50g
- ☐ 쪽파(중) 2뿌리
- ☐ 통도라지(껍질 있는 것, 길이 20cm) 1개
- ☐ 밀가루(중력분) 20g
- ☐ 달걀 1개
- ☐ 참기름 5mL
- ☐ 산적꼬치(길이 8~9cm) 2개
- ☐ 식용유 30mL
- ☐ 소금(정제염) 5g
- ☐ 진간장 10mL
- ☐ 흰설탕 5g
- ☐ 대파(흰부분, 4cm) 1토막
- ☐ 마늘(중, 깐 것) 1쪽
- ☐ 검은후춧가루 2g
- ☐ 깨소금 5g

합격 포인트

1 준비된 재료를 조화있게 끼워서 색을 잘 살릴 수 있도록 지진다.

2 당근과 통도라지는 식용유로 볶으면서 소금으로 간을 한다.

3 꼬지를 빼고 담아낸다.

만드는 법

1 도라지는 껍질을 벗기고 0.6×1×6cm로 썬다.

2 당근도 0.6×1×6cm로 썬다.

3 끓는 물에 도라지와 당근을 데친 후 찬물에 식힌다.

4 쪽파는 6cm 길이로 잘라 소금, 참기름에 버무린다.

5 파, 마늘은 곱게 다진다.

6 불린 표고버섯은 0.6×1×6cm로 썰고, 소고기는 0.5×1×7cm로 썰어 칼등으로 연육한 후 간장 양념(간장, 설탕, 다진 파, 다진 마늘, 후추, 깨소금, 참기름)으로 양념한다.

7 팬에 식용유를 두르고 도라지, 당근, 표고버섯 소고기 순으로 볶는다.

8 꼬치의 양끝을 1cm만 남기고 꼬치에 재료를 색 맞추어 끼운다.

9 재료를 끼운 꼬치를 밀가루, 달걀물 순으로 묻히고 달궈진 팬에 색이 나지 않게 지지고 식힌 후 꼬치를 뺀다.

10 완성접시에 가지런히 담아낸다.

30 잡채

NCS 한식
숙채조리

35

시험시간 : 35분

👨‍🍳 요구사항

1. 소고기, 양파, 오이, 당근, 도라지, 표고버섯은 0.3cm × 0.3cm × 6cm로 썰어 사용하시오.
2. 숙주는 데치고 목이버섯은 찢어서 사용하시오.
3. 당면은 삶아서 유장처리하여 볶으시오.
4. 황·백지단은 0.2cm × 0.2cm × 4cm로 썰어 고명으로 얹으시오.

🍲 재료

- ☐ 당면 20g
- ☐ 소고기(살코기, 길이 7cm) 30g
- ☐ 건표고버섯(지름 5cm, 물에 불린 것, 부서지지 않은 것) 1개
- ☐ 건목이버섯(지름 5cm, 물에 불린 것) 2개
- ☐ 양파(중, 150g) 1/3개
- ☐ 오이(가늘고 곧은 것, 20cm) 1/3개
- ☐ 당근(곧은 것, 길이 7cm) 50g
- ☐ 통도라지(껍질이 있는 것, 길이 20cm) 1개
- ☐ 숙주(생 것) 20g
- ☐ 흰설탕 10g
- ☐ 대파(흰부분, 4cm) 1토막
- ☐ 마늘(중, 깐 것) 2쪽
- ☐ 진간장 20mL
- ☐ 식용유 50mL
- ☐ 깨소금 5g
- ☐ 검은후춧가루 1g
- ☐ 참기름 5mL
- ☐ 소금(정제염) 15g
- ☐ 달걀 1개

합격 포인트

1 주어진 재료는 굵기와 길이가 일정하게 한다.

2 당면은 알맞게 삶아서 간한다.

3 모든 재료는 양과 색깔의 배합에 유의한다.

🍲 만드는 법

1 당면과 목이버섯은 따뜻한 물에 불려둔다.

2 숙주는 거두절미하고, 끓는 물에 데치고 소금, 참기름으로 밑간을 한다.

3 끓는 물에 당면을 삶고, 당면이 익으면 건져 간장, 설탕, 참기름으로 양념한다.

4 도라지는 껍질을 벗겨 0.3×0.3×6cm로 채 썰어 소금물에 주물러 쓴맛을 없애고 물기를 제거한다.

5 오이는 돌려깎기한 후 0.3×0.3×6cm로 채 썰어 소금에 절인 후 물기를 제거한다.

6 양파는 6cm 길이로 곱게 채 썬다.

7 당근은 0.3×0.3×6cm로 채 썬다.

8 파, 마늘은 곱게 다진다.

9 불린 목이버섯은 찢고, 불린 표고버섯과 소고기는 0.3×0.3×6cm로 채 썰어 간장 양념 (간장, 설탕, 다진 파, 다진 마늘, 참기름, 깨소금, 후추)으로 각각 양념한다.

10 달걀은 황·백으로 나누어 지단을 부친 후 0.2×0.2×4cm로 채 썬다.

11 팬에 식용유를 두르고 양파-도라지-오이-당근-목이버섯-표고버섯-소고기-당면 순서로 각각 볶는다.

12 데친 숙주와 볶은 재료에 통깨와 참기름을 넣고 버무린다.

13 완성접시에 버무린 잡채를 담고 황·백지단 고명을 얹어 보기 좋게 담아낸다.

31 배추김치

NCS 한식
밥조리

35

시험시간 : 35분

🍳 요구사항

1 배추는 씻어 물기를 빼시오.

2 찹쌀가루로 찹쌀풀을 쑤어 식혀 사용하시오.

3 무는 0.3cm × 0.3cm × 5cm 크기로 채 썰어 고춧가루로 버무려 색을 들이시오.

4 실파, 갓, 미나리, 대파(채썰기)는 4cm로 썰고, 마늘, 생강, 새우젓은 다져 사용하시오.

5 소의 재료를 양념하여 버무려 사용하시오.

6 소를 배춧잎 사이사이에 고르게 채워 반을 접어 바깥잎으로 전체를 싸서 담아내시오.

재료

- [ ] 절임배추(포기당 2.5~3kg) 1/4포기
- [ ] 무(길이 5cm 이상) 100g
- [ ] 실파(쪽파 대체가능) 20g
- [ ] 갓(적겨자 대체가능) 20g
- [ ] 미나리(줄기부분) 10g
- [ ] 찹쌀가루(건식가루) 10g
- [ ] 새우젓 20g

- [ ] 멸치액젓 10ml
- [ ] 대파(흰부분, 4cm) 1토막
- [ ] 마늘(중, 깐 것) 2쪽
- [ ] 생강 10g
- [ ] 고춧가루 50g
- [ ] 소금(재제염) 10g
- [ ] 흰설탕 10g

합격 포인트

1. 무채의 길이와 굵기를 일정하게 썬다.
2. 찹쌀풀에 고춧가루를 충분히 불려 사용하고 김치색에 유의한다.
3. 배추의 물기를 제거해야 김치가 싱겁지 않고 속에 양념이 깔끔하게 묻힌다.

🍲 만드는 법

1. 배추는 씻어 물기를 뺀다.
2. 찹쌀가루 2큰술과 물 1컵을 넣고 풀을 쑤어 식힌다.
3. 무는 0.3×0.3×5cm로 채썰어 고춧가루 물을 들인다.
4. 마늘, 생강, 새우젓은 곱게 다진다.
5. 대파, 갓, 미나리, 실파는 4cm. 길이로 썬다.
6. 양념장(찹쌀풀, 고춧가루 1/4컵, 대파, 마늘, 생강, 새우젓, 소금, 액젓)에 준비한 재료들(무, 실파, 갓, 미나리)을 섞어 소를 만든다.
7. 소를 배춧잎 사이에 고프게 펴서 넣고 바깥잎으로 전체를 감싸고 그릇에 담아 완성한다.

32 칠절판

NCS 한식
숙채조리
40
시험시간 : 40분

요구사항

1 밀전병은 지름이 8cm가 되도록 6개를 만드시오.
2 채소와 황·백지단, 소고기는 0.2cm × 0.2cm × 5cm로 써시오.
3 석이버섯은 곱게 채를 써시오.

🍲 재료

- ☐ 소고기(살코기, 길이 6cm) 50g
- ☐ 오이(가늘고 곧은 것, 길이 20cm) 1/2개
- ☐ 당근(곧은 것, 길이 7cm) 50g
- ☐ 달걀 1개
- ☐ 석이버섯(부서지지 않은 것, 마른 것) 5g
- ☐ 밀가루(중력분) 50g
- ☐ 진간장 20mL
- ☐ 마늘(중, 깐 것) 2쪽
- ☐ 대파(흰부분, 4cm) 1토막
- ☐ 검은후춧가루 1g
- ☐ 참기름 10mL
- ☐ 흰설탕 10g
- ☐ 깨소금 5g
- ☐ 식용유 30mL
- ☐ 소금(정제염) 10g

합격 포인트

1️⃣ 밀전병의 반죽상태에 유의한다.
2️⃣ 완성된 채소 색깔에 유의한다.
3️⃣ 밀전병의 크기를 일정하게 한다.
4️⃣ 재료의 채를 일정하게 자른다.

🍚 만드는 법

1 석이버섯은 미지근한 물에 불려 이끼를 제거하고 채 썰어 소금, 참기름으로 양념한다.

2 파, 마늘은 곱게 다진다.

3 오이는 돌려깎은 후 0.2×0.2×5cm로 채 썰어 소금에 절인다.

4 당근은 0.2×0.2×5cm로 채 썬다.

5 소고기는 0.2×0.2×5cm로 채 썰어 간장 양념(간장, 설탕, 다진 파, 다진 마늘, 참기름, 깨소금, 후추)으로 양념한다.

6 밀가루 5큰술, 물 6큰술에 소금을 약간 넣어 체에 내려 밀전병 반죽을 만들고, 직경 8cm 크기로 밀전병을 만든다.

7 달걀은 황·백으로 나누어 지단을 만든 후 0.2×0.2×5cm로 채 썬다.

8 팬에 식용유를 두르고 오이–당근–석이버섯–소고기 순으로 볶는다.

9 접시 중앙에 밀전병을 담고 나머지 재료를 색이 겹치지 않도록 보기 좋게 담아낸다.

33 비빔밥

NCS 한식
밥조리

50

시험시간 : 50분

🍳 요구사항

1. 채소, 소고기, 황·백지단의 크기는 0.3cm × 0.3cm × 5cm로 써시오.
2. 호박은 돌려깎기하여 0.3cm × 0.3cm × 5cm로 써시오.
3. 청포묵의 크기는 0.5cm × 0.5cm × 5cm로 써시오.
4. 소고기는 고추장 볶음과 고명에 사용하시오.
5. 담은 밥 위에 준비된 재료들을 색 맞추어 돌려 담으시오.
6. 볶은 고추장은 완성된 밥 위에 얹어 내시오.

 재료

- ☐ 쌀(30분 정도 물에 불린 쌀) 150g
- ☐ 애호박(중, 길이 6cm) 60g
- ☐ 도라지(찢은 것) 20g
- ☐ 고사리(불린 것) 30g
- ☐ 청포묵(중, 길이 6cm) 40g
- ☐ 소고기(살코기) 30g
- ☐ 달걀 1개
- ☐ 건다시마(5×5cm) 1장
- ☐ 고추장 40g
- ☐ 식용유 30mL
- ☐ 대파(흰부분, 4cm) 1토막
- ☐ 마늘(중, 깐 것) 2쪽
- ☐ 진간장 15mL
- ☐ 흰설탕 15g
- ☐ 깨소금 5g
- ☐ 검은후춧가루 1g
- ☐ 참기름 5mL
- ☐ 소금(정제염) 10g

합격 포인트

1 밥은 질지 않게 짓는다.
2 지급된 소고기는 고추장볶음과 고명으로 나누어 사용한다.
3 색이 겹치지 않도록 조화롭게 담아낸다.

만드는 법

1 청포묵은 0.5×0.5×5cm로 채 썰고, 물이 끓으면 데친 뒤 소금과 참기름으로 양념한다.

2 불린 쌀에 동량의 물을 넣어 밥을 고슬고슬하게 짓는다.

3 파, 마늘은 곱게 다진다.

4 도라지는 0.3×0.3×5cm로 채 썰고 소금에 주물러 쓴맛을 제거한다.

5 애호박은 돌려깎기하여 0.3×0.3×5cm로 채 썰어 소금에 절인다.

6 고사리는 5cm 길이로 썰고, 소고기 일부는 채 썰고, 나머지는 고추장 볶음용으로 다져 간장 양념(간장, 설탕, 다진 파, 다진 마늘, 깨소금, 후추, 참기름)으로 양념한다.

7 다시마는 식용유에 튀겨서 잘게 부순다.

8 달걀은 황·백으로 나누어 지단을 부쳐 5cm 길이로 채 썬다.

9 팬에 식용유를 두르고 도라지, 호박, 고사리, 소고기 순으로 각각 볶는다.

10 팬에 양념한 다진 소고기를 볶다가 고추장과 설탕, 참기름, 물을 넣어 볶은 고추장을 만든다.

11 완성그릇에 편편하게 밥을 담고 그 위에 준비한 재료를 색 맞추어 돌려 담는다.

12 재료 중앙에 고추장 볶음과 튀긴 다시마를 얹어 완성한다.